# 天气是什么

［英］弗雷泽·罗尔斯顿　　　　［英］朱迪思·罗尔斯顿　　著

孟圆　译

科学普及出版社
·北京·

# DK | Penguin Random House

Original Title: What's The Weather?
Copyright © Dorling Kindersley Limited, 2021
A Penguin Random House Company
本书中文版由 Dorling Kindersley Limited
授权科学普及出版社出版，未经出版社许可不得以
任何方式抄袭、复制或节录任何部分。

**版权所有　侵权必究**
著作权合同登记号：01-2021-7100

**图书在版编目（CIP）数据**

天气是什么 / （英）弗雷泽·罗尔斯顿，（英）朱
迪思·罗尔斯顿著 ；孟圆译. -- 北京 ：科学普及出版
社，2022.3
书名原文：What's The Weather?
ISBN 978-7-110-10365-4

Ⅰ．①D… Ⅱ．①弗… ②朱… ③孟… Ⅲ．①天气—
青少年读物 Ⅳ．①P44-49

中国版本图书馆CIP数据核字(2021)第241420号

策划编辑　邓　文
责任编辑　白李娜
封面设计　朱　颖
图书装帧　金彩恒通
责任校对　焦　宁
责任印制　李晓霖

科学普及出版社出版
北京市海淀区中关村南大街16号　邮政编码：100081
电话：010-62173865　传真：010-62173081
http://www.cspbooks.com.cn
中国科学技术出版社有限公司发行部发行
当纳利（广东）印务有限公司印刷
开本：787毫米×1092毫米　1/16　印张：4.5　字数：150千字
2022年3月第1版　2022年3月第1次印刷
ISBN 978-7-110-10365-4/P·226
印数：1—8000册　定价：49.80元

（凡购买本社图书，如有缺页、倒页、
脱页者，本社发行部负责调换）

For the curious
www.dk.com

# 目 录

4　作者的话

6　热还是冷？

8　一年四季

10　早期的天气

12　预测天气

14　世界各地

16　云

18　水循环

20　雷暴

22　大风暴

24　雪

26　雪最大的地方

28　大冰期

30　温室效应

32　热热热

34　天气能发电

36　干旱

38　城市小气候

40　火山天气

42　热浪

43　超级寒潮

44　发明

46　天气新闻

48　雾

50　雨林深处

52　天气之"最"

54　奇妙的天气

56　无惧天气的动物

58　龙卷风

60　无风不起浪

62　未来的天气

64　现在就改变

66　星球上的天气

68　词汇表

72　致谢

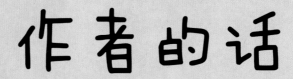

# 作者的话

天气是我童年中的重要元素。那时我住在苏格兰爱丁堡郊外的波多贝罗海滩边，东海岸常常弥漫着浓重的海雾，笼罩着我家的花园，有时候东风甚至会把海浪冲到家门口！我开始认识不同的天气，了解天空讲述的故事。这个过程中，总有一些有趣的事情发生。

长大后，我成了BBC苏格兰频道的一名气象节目主持人。当我出现在电视节目中时，会一边向观众播报天气，一边想象着全国各地此刻在经历何种不同的天气。我非常享受这种感觉：帮助人们提前预知是否会有暴风雨、下雪，还是晴天，以便规划行程。这是一份令人难以置信的工作。

能够创作这本书真是太令人激动了。希望你也能乐在其中，记得时不时抬头看看天空——天气永远都在变化之中！

*Judith Ralston*

朱迪思·罗尔斯顿
气象节目主持人

儿时我在苏格兰的格拉斯哥市长大，经历了好几次历史性的天气事件。1975年和1976年的夏天，天气酷热难耐、干燥少雨，我沉迷于各种冰激凌、冰棒，没事就扎进克莱德的海水里。从20世纪70年代末到80年代初，几个严冬又接踵而至。漫天大雪之后，我和伙伴们兴致勃勃地滑雪橇、滑冰，脚趾头都冻得麻木了。

　　这激发了我对天气的兴趣。当我透过家里的窗户，看到外面巨大的风暴、雾，甚至漏斗云时，我对天气的热爱更是日益增加。大学毕业一年后，我找到了一份与气象学，也就是天气科学有关的工作。从那以后，我做过很多与天气有关的工作，包括三次前往地球上最冷的大陆——南极洲，做天气预报。

　　如果你能了解天气背后的成因，一定会更加着迷于个中奥妙。而这正是本书的写作目的。

*Frazer Ralston*

弗雷泽·罗尔斯顿
英国皇家气象学会特许气象学家

5

# 热还是冷?

太阳和地球之间的关系是造成天气热或者冷的主要原因。不过，大气中的气流和海洋中的洋流也会影响温度。

冷暖气流不停地运动。

北极

墨西哥湾流将温暖的海水从墨西哥湾输送到北大西洋。

赤道

## 大气

大气是笼罩地球的薄薄的空气层。它就像一层保护性的皮肤，阻隔来自太阳光的有害粒子。所有的天气都是在大气中形成的。

温暖而多雨

## 气候

较长时期内的天气条件构成了气候。世界各地气候各有不同。

寒冷又干燥

## 地球空调

在大气中盘旋的气流，就像一个巨大的温度调节器。它们从热带地区带走暖空气，又从极地地区带走冷空气。这种效应被称为大气环流。

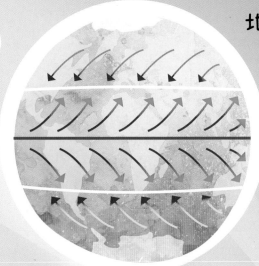

## 洋流

洋流，指的是全球范围内大规模的水流运动。洋流输送着温暖的海水和寒冷的海水，影响着当地的天气。

## 太阳

太阳光直射赤道，因此赤道很热。而地球的其他地方以一定角度接受阳光照射，热量得以更广泛地扩散。这些地区也因此没有那么热。

热带地区是位于赤道两侧的地区。

赤道以北40度的地区叫作北纬40度。

## 向上和向下

北纬40度以北、南纬40度以南，地球不断损失热量。北纬40度以南、南纬40度以北，地球不断积聚热量。大气环流就像给地球安装了空调，让一些地区降温、给另一些地区供暖。

南极

越来越冷

越来越热

越来越热

越来越冷

赤道

赤道以南40度的地区叫作南纬40度。

# 一年四季

逐渐面朝太阳的地区
迎来了春天……

## 春天

在春天，白天变长、夜晚变短。气温稳步上升。温暖的天气下，花苞开始酝酿、树木开始生枝发芽。

## 季节

地球是倾斜的。当地球绕太阳公转时，有些地区不断接近太阳，而另一些则不断远离。与之相伴，接收到的太阳光热要么增多、要么减少，季节由此产生。

面朝太阳转动的
地区进入了夏天。

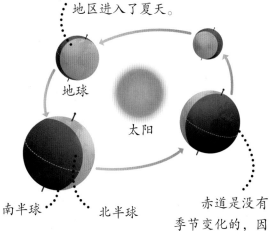

地球

太阳

南半球    北半球

赤道是没有季节变化的，因为它不受地球倾斜的影响。

而面朝太阳的地区
进入了夏天……

## 夏天

夏天是一年中最热的时候，白天时间很长。北半球（赤道以上）的夏天从6月持续到8月，南半球（赤道以下）的夏天则在12月到2月。

很多地区夏季的天空万里无云。

一到冬天就变得光秃秃的落叶树，开始发芽、开花。

在炎热的夏天，百花盛开、蝴蝶翻飞。

刺猬等一些动物，从类似于深度睡眠的冬眠中苏醒过来。

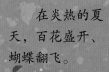

世界上大多数地方的天气会在一年之内发生变换。某些月份气温上升，其他月份气温下降，天气也多种多样。同一种天气持续一段时期，称为季节。

逐渐背对太阳的地区迎来了秋天……

而背对太阳的地区进入了冬天……

## 秋天

在秋天，白天变短、天气转凉。有些地方的秋天又是刮风，又是下雨。清晨，还可能见到晶莹的霜花。

落叶树的叶子变成金色，纷纷落下。

鹿在秋天交配，这样能赶在暖和的春天生出鹿宝宝。

美洲黑熊为了预备冬眠，猛吃猛喝。

## 冬天

到了冬天，白天变得很短。天气变冷了。雨水增多，部分地区会迎来降雪和冻雾。有些动物进入了一种类似睡眠的状态，称为冬眠。

太阳低垂在空中，只有很少的热量到达地面。

有些动物，比如美国的白靴兔，到了冬天皮毛会由褐色换成白色，完美融入雪地之中。

## 极昼和极夜

南北两极倾斜的角度使得它们在一年之中的某段时间一直被太阳晒着，而在另一段时间则完全没有阳光。

在夏至前后，太阳到了后半夜仍不落下，不分昼夜地照耀着大地。

而冬至前后，太阳则不再升起！

# 早期的天气

地球并不一直拥有现在这样的天气。这颗星球刚形成时，可比现在热多了。没有水、没有云，也没有雨雪。事实上，曾经连形成云的大气层都几乎没有!

## 爆炸性冲击

在我们的星球形成的早期，巨大的岩石碎片，也就是微行星，不断地撞击地球表面。这些爆炸性的冲击创造了地球历史上最高的温度。

大气层顶部的温度曾经达到1982℃以上。

## 酷热

科学家通过研究岩石来了解过去的温度。即使地球表面不再遭遇撞击，地表温度似乎也曾达到204℃以上——大约是当今最高温度的四倍。

## 熔化的岩石

在极高的温度下，岩石变成黏稠的流体。早期的地球非常热，以至于地表岩石一直处于熔化状态。

在这段动荡的时期，没有记录到地球上有降雨。

## 火山云

科学家认为，早期的大气主要由二氧化碳组成。应该是散落于地球表面的众多火山把二氧化碳喷射到了空气当中。

## 第一场雨

很可能是结冰的陨石把水带到了地球上。地球在数百万年间逐渐冷却。于是，水蒸气（气态的水）在空气中冷却，形成了水滴，构成了云和雨。

# 预测天气

为了预测天气，需要收集大量的、丰富的信息。天气预报员需要每天24小时、一年365天不间断地接收信息。通过仔细地检查和比对数据，判断最有可能出现什么样的天气。

## 气象气球

一种特殊的气球将测量仪器送到高空中探测天气。全球有800个气象站会在每天两个固定的时间，放飞气象气球。

## 气象站

在一些重要的气象站，需要观测员操作仪器测量天气数据，比如风速、湿度、云的类型和降雨量。

黑线表示气压，带符号的彩线表示不同的天气锋面。

## 预测

如今，从监测源传出的所有天气数据都由计算机收集，并通过计算机模型来演示天气的可能状况。根据模型的不同，可以推演局部地区、一片大陆甚至整个星球的天气。

每隔几个小时，气象预报员就会利用新的数据并结合经验，

## 卫星图像

环绕地球运行或驻留在某一点上方的卫星可以从太空观察地球天气。它们用数码照片记录下飓风、沙尘暴等，再传回地球。

## 飞机和船的报告

为了确保航线安全，飞机和轮船也配备了测量天气的仪器。这些天气报告对气象预报员也很有用。

船舶预报使用的是代码文字，包含了大量的天气信息。

## 雷达

世界各地广泛分布的雷达系统能够探测雨雪天气。第45页介绍了更多关于雷达的知识。

更新地图和模型。

## 预测的类型

天气的影响涉及方方面面。预报员会根据需求的不同，分别创建气象报告。

飞行员需要详细的天气报告，以保证飞行安全。

撒盐车司机需要知道路面是否有可能上冻。如果有，可在道路上撒盐，防止水结成冰。

农民需要知道是否会下雨、阳光及湿度如何，这些都会影响作物的生长。

像你我一样的普通人之所以想知道天气如何，是为了好好计划今天要做点什么。

政府需要掌握极端天气的信息，这样才能确保民众的人身安全。

# 世界各地

从温暖的赤道到寒冷的极地，天气各有不同。地球上存在较为明显的、具有相似的气候和天气的气候带。来看看较大的几个气候带吧。

落基山脉

佛罗里达

赤道

亚马孙热带雨林

## 气候带

### 热带

赤道附近的地区，一年到头炎热潮湿，几乎每天都会下雨。而离赤道稍远一些，开始出现较短的、没那么多雨水的季节。

### 干旱地带

这一气候带包括降雨稀少的沙漠，和雨季短暂且不可捉摸的地区。沙漠白天很热，晚上很冷。

### 地中海

夏季炎热，长时间干燥，偶尔来场阵雨。冬天通常温度适中且潮湿，寒潮持续时间很短。

### 暖温带

暖温带地区有四季，且四季都有雨天——尤其是在天气非常暖和的夏天。大部分地区的冬季较为温和，但也会出现降温的寒潮。

### 凉温带

凉温带地区有四季，一年之中都会下雨。靠近海洋的地区雨量充沛，极少有极高或极低的温度。内陆地区降雨较少，温度变化较大。

### 山带

山顶经常下大雨或暴雪。高山地带比周围的低海拔地区冷得多，风也更大。

### 冻原

漫长的冬季天寒地冻、霜多雪多、白天很短。夏季十分短暂，不过在夏至前后，由于日照时间长，会很暖和。

### 极地

大地几乎全年都被冰雪覆盖。气温通常接近或低于冰点，冬天更是异常严寒。极地通常干燥且风大。

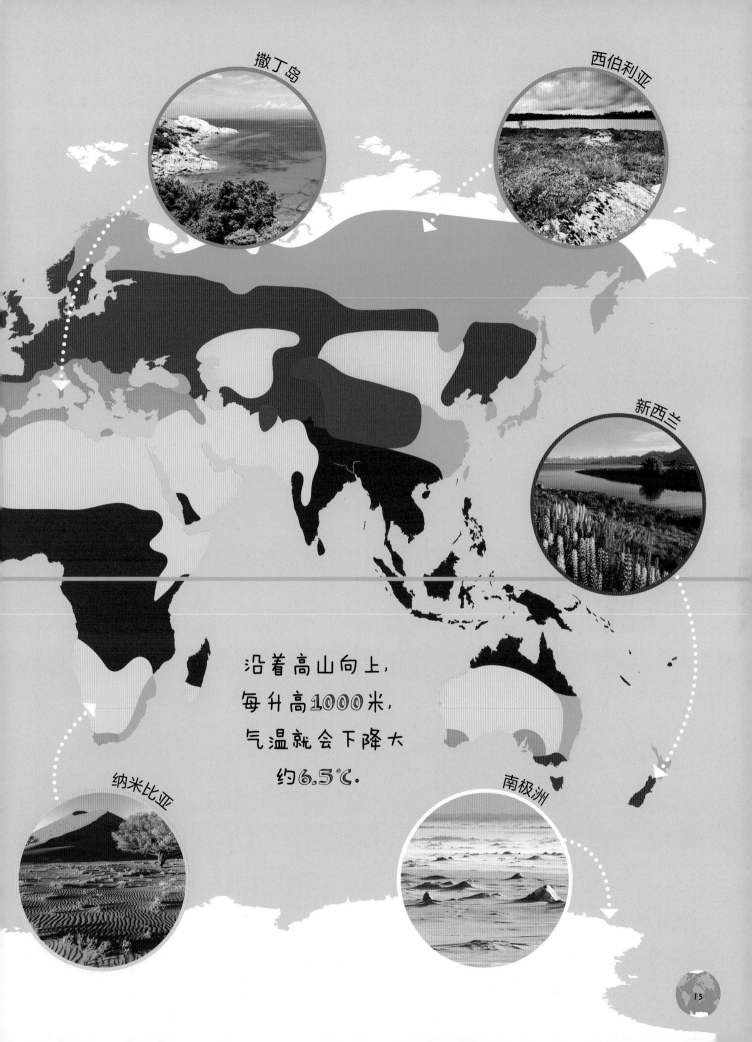

撒丁岛

西伯利亚

新西兰

沿着高山向上，每升高1000米，气温就会下降大约6.5℃。

纳米比亚

南极洲

顶部像骑行头盔

## 积云

积云明亮、洁白、蓬松，如果顶部变成了类似菜花的形状，可能就要下一场阵雨啦。

云覆盖着约67%的地球面积。

## 云隙光

当阳光从云的间隙射出时，可能会出现云隙光。阳光撞上空气中的粒子、散射出不同的颜色，其中若干颜色的光线如同射线一样光芒万丈。

## 层积云

层积云跟积云很像，但要扁平得多。我们在天空中经常看到的就是层积云。

## 雨层云

雨层云很厚、呈暗灰色，无边无际地在天空蔓延。雨层云通常会带来较大的雨雪。

## 积雨云

积雨云形状高耸，最上端如同一顶骑行用的头盔。积雨云通常可能带来暴雨、冰雹和雷电。

## 层云

层云较薄，离地面很近。有时好像划过天空的一片纸，触到了高楼大厦的屋顶；有时则是下雨时天空中阴沉、斑驳的云。

## 乳状云

乳状云形状独特，好像乌云下面挂着袋子或冒着泡泡。乳状云通常出现在雷暴天气快要结束的时候。

# 云

**云是由微小的水滴和冰晶组成的。** 把手伸进云里，就好似被一团雾笼罩着。形状扁平的云名字里总有"层"字，距离地面中等高度的云名字里总有"高"字，而高高在上的云名字里总有"卷"字。

## 2500—6000米之间

### 高层云

高层云扁而平、呈浅灰色，能遮蔽整个天空。高层云通常是雨或雪来临的前奏。

水蒸气，也就是气态的水，构成了云。水蒸气在上升时逐渐冷却，结成了水滴和冰晶。

### 高积云

高积云的种类很多。比如荚状高积云，有的像杏仁、有的像盘子、还有的甚至像飞碟！

### 山帽云

山帽云悬垂在山顶两侧或正上方，形状好似蘑菇伞。

**有些云差点被认作是外星人的飞行器呢！**

## 6000米以上

### 卷层云

卷层云是白色的、由冰晶组成的薄薄的云幕。有时，透过云能看到太阳的光晕。卷层云下，阳光变得朦胧，也许雨正在赶来的路上！

### 卷云

洁白的卷云形态精妙，有点儿像猫的胡须。在晴朗干燥的日子里能看到卷云。

### 卷积云

洁白的卷积云在很高的地方飘浮着，一团团、一簇簇。有些卷积云仿佛天空中泛起的涟漪。

### 航迹云

航迹云不是天然的云。它们是飞机尾气中的水汽凝结后，形成的一道道白线。航迹云往往转瞬即逝。

### 夜光云

由冰晶构成的夜光云，如同夜空中的珠宝，闪耀璀璨。夜光云只出现在距离地面非常高的大气层中。

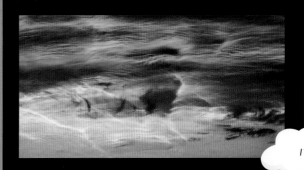

# 水循环

地球拥有一个时刻不停的、庞大的水循环运动过程，称作水循环。水分被带到空气当中，然后在很远的地方形成降雨。正因为水循环的存在，人类才有水可喝、植物才得以生长。看一看水循环是如何运作的吧。

## 凝结

水蒸气在空中上升时逐渐冷却，变成了液态的水珠，形成云。上升的水蒸气越多，云就越大。

空气沿着高山的一侧一路攀升，带来强降雨。而在山的另一侧，因为空气开始下沉、云层被驱散了，雨则少得多。

储存在土壤或水坝中的雨水，可以经由地下管道输送到距离很远的干旱地区。

## 彩虹

光包含许多颜色。当阳光穿过空气中的水滴、从另一面反射出去时，不同颜色的光线就会被分解出来。这就是我们看到的彩虹啦！

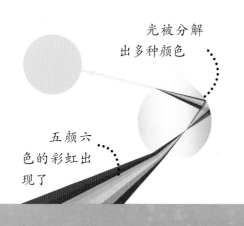

光被分解出多种颜色

五颜六色的彩虹出现了

## 蒸发

随着温度升高，海洋或陆地上的水从液体变成气体，即水蒸气。海面上刮的大风会加速这一过程。

## 降水

云中的水滴相互碰撞，渐渐地聚成大水滴。大水滴在云中下沉，撞击并结合了更多的水滴。最后因为实在太重，大水滴从云中掉落，形成降雨。

每一滴雨滴由大约100万个微小的小水滴组成。

## 雨的类型

不同的云会带来不同的降雨，既有毛毛雨，也有大暴雨。

### 毛毛雨

薄薄的云层落下的小雨滴形成了毛毛雨。沿海地区和吹着潮湿的风的山区经常下这样的雨。

### 阵雨

较厚的云层会产生阵雨。阵雨持续的时间不长，但雨量通常很大。大多数阵雨持续时间不会超过一个小时，有的甚至就下几分钟。

### 强阵雨

雨滴越大，雨就越大。这种大雨滴是从非常厚重的深灰色云层里落下的。暴雨可能引发山洪，山洪会在短时间内暴发，常常令人措手不及。

## 径流

被地面接收的雨水和山上融化了的积雪形成了小溪和细流。小溪和细流汇合便形成了江和河。

## 回到大海

世界上大部分的雨水直接落入了海洋。还有一部分落入了成千上万条河流当中，最终还是回到了大海。水循环就是这样周而复始的。

# 雷暴

　　一片积雨云便可以引起一种强烈的天气奇观——雷暴。只要条件具备，雷暴几乎可以发生在任何地方。雷暴引发的天气现象有很多种——从大雨到下雪等。

## 风暴正在酝酿

　　需要近地球表面有较暖的空气和高空有较冷的空气，才能形成风暴。空气湿度也必须很高。通常只有在暖和的日子里才会出现雷暴，不过冬天也有可能，这时温暖的海洋上空有冷空气流过。

**闪电能把周围的空气加热到30000℃！**

## 强风

　　暖气流向上移动形成雷雨云。而冷空气横扫下来形成了阵阵大风。

## 雷击

　　有些闪电能从云层一路抵达地面。闪电经常击中高处的物体，比如树木和高杆，但其实任何地方都有可能被闪电击中。

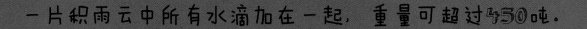

一片积雨云中所有水滴加在一起，重量可超过450吨。

正电荷中心

## 闪电

云中的粒子可以带电。当云层的不同部位带上相反的电荷——正电荷和负电荷——两部位之间就会产生电流。这就是闪电！

之所以先看到闪电再听到雷声，是因为光的传播速度比声音快很多。

## 打雷

闪电使得周围的空气温度升高，进而向外膨胀。这个过程产生了巨大的轰隆声——打雷。

## 分叉的闪电

当电流从云层抵达地面，然后又折返回云层时，就会出现分叉的闪电。

负电荷中心

## 暴雨

大量的雨滴聚在一起形成了雷雨云，而多个雷雨云聚在一起可能会带来倾盆大雨。

## 冰雹

如果雷雨云中有向上的风将雨滴带到高空，雨滴就可能结冰形成冰雹。

## 雪

冬天的雷暴可能带来暴风雪，有时也被称为"雷雪"。

## 从小到大

根据强度的大小，可将海上形成的风暴分成三种。热带低气压或风暴可能只是一场更猛烈的风暴的前奏。

**1** 热带低气压
风速最高可达
61千米/时。

**2** 热带风暴
风速约为
63~117千米/时。

**3** 飓风
风速可达
119千米/时，甚至更高！

# 大风暴

在温暖的海洋上可以形成巨大的、盘旋的风暴，蕴藏着无穷的能量。如果这种风暴移动到陆地上，会对房屋和树木造成极大的破坏。

北半球的风暴是逆时针旋转的……

北大西洋

只有温暖的海洋上空才能形成风暴，海水的温度须高于**25℃**。

墨西哥湾

加勒比海

佛得角上空的
佛罗伦斯飓风

南大西洋

## 风眼

风暴的中心是一个强烈的低压区域，被称为风眼。这里一派云淡风轻。而环绕平静的风眼四周，热风和高耸的云均匀地向外扩散数百千米，形成一个旋转的螺旋。

# 世界各地

根据发源地的不同，在海洋上空形成的风暴命名也不同。

**飓风**
北大西洋、加勒比海、墨西哥湾、北太平洋东部

**台风**
北太平洋西部及东南亚、印度尼西亚和日本附近

**气旋**
孟加拉湾和阿拉伯海等在内的印度洋，以及澳大利亚附近

## 风暴可以持续好几天甚至一周。

**北太平洋**

### 点名啦

科学家们通常会给海洋上空形成的风暴起个名字，便于记录。为了分清楚哪个是哪个，风暴的（英文）名字是按照首字母A—Z排序得来的。

安娜（A）、比尔（B）、克劳德特（C）、丹尼（D）、艾莎（E）、弗雷德（F）、格蕾丝（G）、亨利（H）、艾达（I）、朱利安（J）、凯特（K）、拉里（L）……

*阿拉伯海*　　*孟加拉湾*

*印度洋*

**南太平洋**

### 风暴潮

伴随强风暴而来的，可能是暴雨、强风、雷暴甚至是风暴潮。风暴潮如同一堵巨大的水墙，吞噬海岸、摧毁房屋。

……而南半球的风暴则是顺时针旋转。

# 雪

要想下雪，天气条件必须恰到好处。雪是由冻结的云层中极微小的冰晶组成的。如果将一片雪花放大了看，会发现雪的构造复杂且立体，有些还拥有十分美妙的图案。

## 满足条件的云

云里的冰晶必须足够多，才能造出雪来。积雨云、雨层云和高层云等较大块儿的云往往是雪的"始作俑者"。大冷天时，不妨注意一下，如果有这些云出没，也许雪就要来啦。

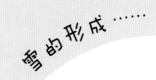

雪 的 形 成……

### 1
#### 冰晶

低温使云中的小水滴凝结成冰晶。

### 2
#### 雪花

小冰晶互相黏在一起，形成了雪花。

冰晶相互结合，构成了美妙的图案。

有雪的地方，地面温度大多低于2℃。

雪其实是透明的！

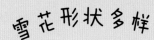

# 3

## 下雪

雪花各有各的形状。当雪花变得越来越重时，就从云中掉落到了地上。

实心柱

棱柱

六边形片状

杯状

星形片状

冠柱状

多重冠柱

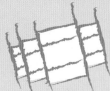

## 雪线

有些地方到了一定的高度以上，整个冬天甚至全年地面都被冰雪覆盖！这里便被称为雪线。雪线通常位于极寒的高山之上，距离地面十分遥远。

三角形

套状

冠帽子弹花簇

光从雪花的表面反射回来，使得雪看起来是白色的。

# 雪量最大的地方

一年当中，雪一度度覆盖了
地球三分之一的土地。

来看看哪些地方的
雪破了纪录吧。

## 一天之内下雪量最多

据当地报道，2015年3月
5日，意大利卡普拉科塔在一
天之内下了2.56米深的雪。高
度快快赶上花园的小棚屋了。

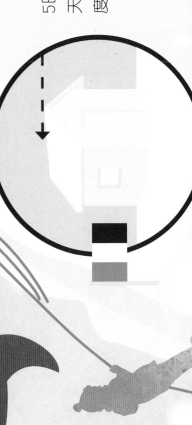

## 积雪最深

1927年2月14日，日本伊吹山的积雪深度达到了11.82米，是有记录以来最深的一次。大约有两层楼那么高。

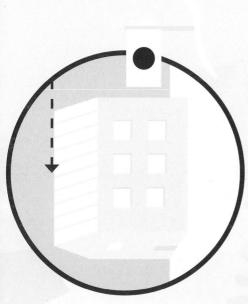

## 一年之内下雪最多

1971年2月到1972年2月，美国雷尼尔山的总降雪量达到了31.5米。如果这么多雪一次性降下来，差不多能盖住一幢七层高的楼！

雪能吸纳声音，所以下雪时或雪停后不久，都显得比平时安静！

# 大冰期

地球有时会经历一段漫长的、极度寒冷的时期——大冰期。大冰期可以持续数百万年。地球表面或许被冻土覆盖，甚至海洋也被冰封了！

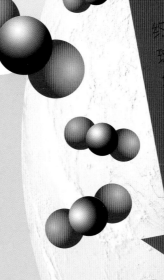

## 雪球地球

有一个说法是，距今约7.2亿到6.3亿年之间，地球经历了一个极端的大冰期，地球被冻成了雪球！整座星球可能都被冰川覆盖。历史上称这一时期为成冰纪。

## 热、冷、热……

地球至少经历了5个漫长的大冰期。而在主要的大冰期之间，地球处于更为温暖的无冰时期，也就是所谓的温室期。温室期往往比大冰期持续得更久。

空气中温室气体的增加被认为是地球上一个大冰期结束的主要原因。温室气体截留热量，冰则遇热融化。

温室期

大冰期

## 我们正生活在大冰期吗？

是的！当前处于第四纪大冰期。不过，我们正经历这一期间较为温暖的阶段，也就是间冰期。在此期间，冰川会退缩。

曾几何时，兴许能从欧洲一路滑雪滑到美国！

### 冰川

在大冰期，大面积厚重的冰块，也就是冰川，足以覆盖地球三分之一甚至以上的表面积。冰在陆地上移动，就像一条流速极为缓慢的河流。沿途不断地裹挟岩石，然后堆积在别处。冰川中的尖锐岩石在大地上雕刻出了尖峰和山脊。

### 小冰期

地球也会经历较短的低温期，只有部分区域受到了影响。1450年到1850年间，欧洲的气温远远低于正常水平。流经英国伦敦的泰晤士河总是上冻，人们干脆在河面上举办冰雪节！

# 温室效应

**温室会留住热量——就像环绕地球周围的空气！外太空极为寒冷，而环绕地球一圈的大气维持着地球表面的温度，保证生物生存。人类的一些行为额外制造了此类气体。**

地面吸收阳光并释放热量。

## 什么是温室效应？

用玻璃做的温室阻止室内的暖空气向外散发。同样，笼罩地球的一层气体也可以阻止热量逸出。

植物释放热量，但被玻璃拦住了，所以温室里始终保持温暖。

## 人多，问题也多

地球上的人口在不断增加。人越多，需要的电力就越多，交通越繁忙，工业生产也就越多。当今，大约80%的电力是由污染环境的化石燃料生产的。

# 温室气体

二氧化碳（$CO_2$）、甲烷（$CH_4$）和一氧化二氮（$N_2O$）都能吸收热量。如果这些气体被释放得越来越多，或者没有被及时从大气中去除，地球的温度就会继续升高。

飞机排放大量的二氧化碳。

一氧化二氮

二氧化碳

甲烷

## 污染

燃烧煤炭等化石燃料会产生温室气体。许多机动车、工厂和发电厂都依靠这些燃料来供电。

温室气体越多，被拦截的热量就越多。

亚马孙雨林遭砍伐

## 森林砍伐

植物能吸收二氧化碳。如果大片的树木都被砍掉，其能吸收的二氧化碳量就减少了。这就是森林砍伐。

# 热热热

几百万年前的地球要比现在热得多。而再过一百万年，地球也可能冻得人直打哆嗦。温度自然地随时间而变化。但是，当前升温的速度之快是前所未有的。

## 不断变化

有很多原因导致地球的温度发生变化。大部分是自然原因，我们无法控制，但有些并不是。

## 自然周期

在过去的250万年里，地球不断经历着升温和降温的时期。寒冷的大冰期持续了大约10万年。较温暖的间冰期，比如我们现在正经历的时期，持续大约一万年。

大冰期的猛犸

## 太阳辐射

地球大部分的热量来自太阳。这意味着如果太阳变热或变冷，地球也会随着变热或变冷。过去几十年，来自太阳的热量略有减少。然而就在这一时期，人类活动反而导致地球变暖了。

## 温室气体

环绕地球的大气层吸收太阳的热量，像温室玻璃窗一样使地球保持温暖。人类活动使二氧化碳等温室气体增多。

## 变暖

曾经地球升温1°C通常需要数千年的时间。而当前地球的升温速度要快得多。

到2100年，地球升温可达3°C。

1900年到2020年间，地球温度上升了约1°C。

2100年

2020年

1900年

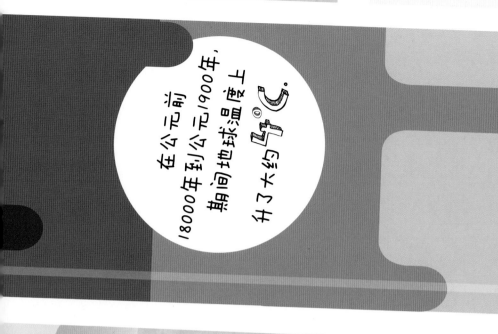

在公元前18000年到公元1900年期间地球温度上升了大约4℃。

公元前18000年

奶牛打嗝时会呼出一种叫作甲烷的温室气体。为了生产牛奶或其他奶制品，人类大规模饲养奶牛。

**我能做什么?**
- 少吃肉。能够吸收二氧化碳的森林之所以被砍伐，其中一个原因是为了腾出地方开牧场。
- 问问爸爸妈妈或者其他家人，要是距离不远，是否可以步行而不要开车。非电动汽车会产生二氧化碳。
- 乘坐火车、电车或公交车。乘坐公共交通工具要比每个乘客都开车排放的二氧化碳少。

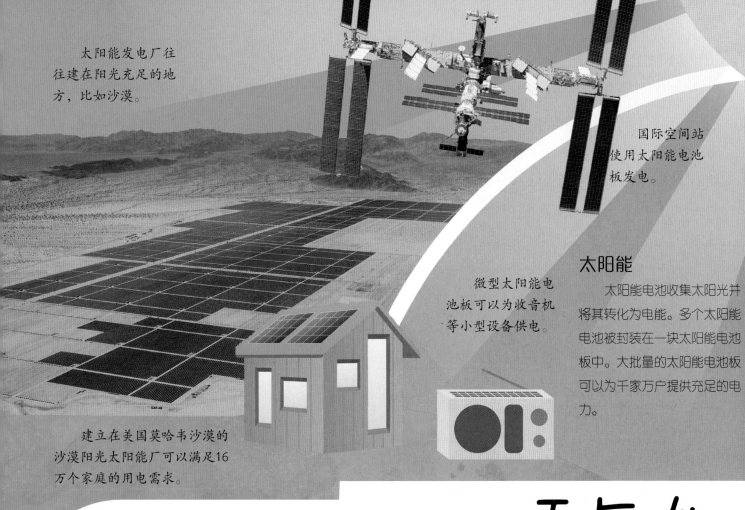

太阳能发电厂往往建在阳光充足的地方，比如沙漠。

国际空间站使用太阳能电池板发电。

微型太阳能电池板可以为收音机等小型设备供电。

建立在美国莫哈韦沙漠的沙漠阳光太阳能厂可以满足16万个家庭的用电需求。

## 太阳能

太阳能电池收集太阳光并将其转化为电能。多个太阳能电池被封装在一块太阳能电池板中。大批量的太阳能电池板可以为千家万户提供充足的电力。

# 天气能

太阳的热量和风的力量可以驱动机器来发电。这是一种清洁能源。也就是说，不会产生污染性气体或加剧全球变暖。

3.涡轮机随之转动，带动发电机将能量转化为电能。

## 波浪能

风刮过海面，掀起波浪。每一阵海浪都携带着大量的能量，可以用来驱动机械、产生电能。

2.机械臂将水泵进了涡轮机。

1.波浪推动机械臂上下运动。

被镜子反射集中起来的太阳光，加热了塔内的流体。

镜子将阳光聚焦到中央的一座塔上。

大型电厂可安装数千面镜子来收集阳光，进行太阳能发电。

## 太阳热能

利用阳光的能量来加热流体，产生的蒸气进而驱动涡轮机发电。阳光是用镜子来收集的。

# 发电

## 风能

高大的风力涡轮机可以捕获风的能量。风推动涡轮机上巨大的叶片转动，从而带动涡轮机发电。通常会在风力强劲的地方集中安装多座风力涡轮机，以生产足够多的电力。

大约有80个国家将风能作为主要的电力来源。

海上的风力涡轮机固定在浮动平台上，或者固定到海床上。

山顶是安装风力涡轮机的好地方，因为四周对风力无遮挡。

小型的风力涡轮机能为家庭供电。

# 干旱

某个地区在较长时期内的降雨量显著低于往常，即为干旱。干旱影响农业和水源，也影响了依赖这两者生活的人们。

各种植物都需要充足的雨水来生长。然而，稳定的降雨是需要条件的……

## 气象干旱

气象干旱，指的是长期没有或很少有雨雪天气。这种干旱可能突然就结束了。

## 水文干旱

降雨不足导致河流、溪流和水库的水量减少，这便是水文干旱。此种干旱会影响依赖这些水源的人们。

自1900年以来，超过1100万人因干旱而丧失生命。

湿度和气压的变化可能导致云无法形成，没有云就没有雨。大地干涸、草木死去。这种情形可持续几个月甚至几年。

## 野火

干旱天气可能引发丛林大火。

### 因何发生：

在干旱地带，阳光能直接引发火灾，比如旱季发生的火灾。

久旱时期突遭雷暴天气，闪电也可能引发火灾。

### 起火之后：

强风助长火势，可能一发而不可收拾。

降雨有助于灭火。

近期如果下过雨，地面上的潮气也会遏制火势。

## 农业干旱

当干旱导致农作物死亡时，便被称为农业（农耕）干旱。有些作物在降雨不足持续仅15天之后，便显现出了影响。

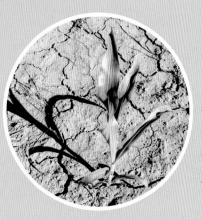

## 社会经济干旱

社会经济干旱指的是影响了人类社会的干旱。例如，干旱时期庄稼收成不好，农民收入减少。

### 热岛效应

如果天气静稳（通常指近地面风速小、大气稳定），大城市的上空容易形成积聚成团的暖空气。这种暖空气是由房屋和路面吸收的热量，以及家庭、办公场所和商店的暖气渗漏造成的。

这是英国伦敦，离市中心越近，就越觉得热。

### 云和雨

受"热岛效应"影响，暖气流上升并逐渐冷却，形成可以带来阵雨的大片云层。这种情况常见于城市的夏天，由此引发的强阵雨可能导致山洪暴发。

# 城市小气候

一个小区域的天气和气候可能与周围的天气和气候不同。这就是所谓的小气候。它可能是自然引起的，也可能是建筑和道路造成的。大城市因为面积大、建筑物高且有供暖、交通繁忙等，都可能形成小气候。

### 炎热的天气

因为"热岛效应"的存在，市区温度最多能比郊区高6℃。到了晚上，有些城市的市中心温度能比远郊高11℃！

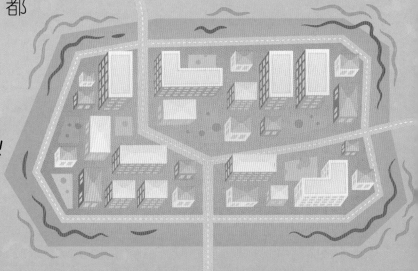

要是有风，温差就会小得多！

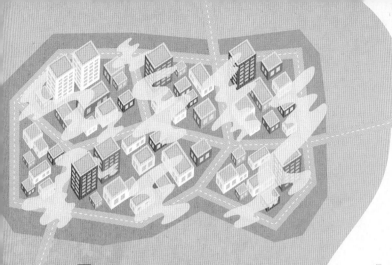

## 霾

来来往往的车辆排出的尾气、工厂的废气，以及建筑物供暖和制冷都会产生空气污染物。这些污染物共同导致城市上空出现霾，甚至是浓重的烟霾。

## 雪和霜

相较于周边地区，市区不太容易出现道路积雪或霜冻，这就是温暖的"热岛效应"造成的。

## 摩天大楼能把迎面刮来的风引导到地面。

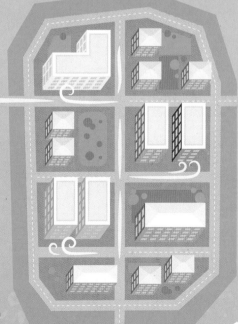

## 大风

高大的建筑物阻挡了风的前进，于是风移动到建筑物四周，这使得楼后面的风变小了。但是，楼两侧的风反而更大了！如果街道上高楼林立，那么楼之间道路上的风会十分强劲。

39

火山天气　火山灰粒子粘住水滴，形成云和雨。

火山喷发产生的热量形成风暴云。

1783年到1784年间，冰岛的格里姆火山系统连续喷发。大量的二氧化硫气体被喷射到空气中。这种气体与水蒸气结合，形成了有毒的硫酸雾。

1991年，菲律宾皮纳图博火山喷发，牵动了全球气候降温，温度最多下降了2℃。火山灰折射出了各种颜色的光线，于是便有了灿烂夺目的日出和日落景象。

冰岛的艾雅法拉火山于2010年爆发，喷发出无边无际的黑色火山灰，严重扰乱了飞机航行。云层中的火山灰伴随降雨落到地面。火山灰还遮蔽了太阳，天气都变凉了。

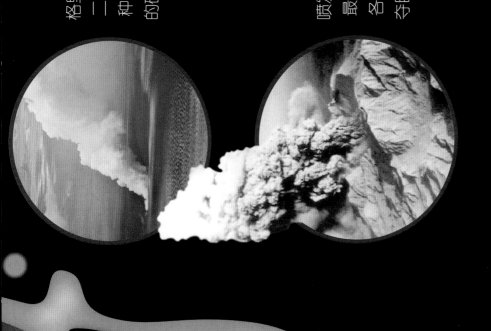

# 热浪

当温度持续高于往常达数天、几周甚至若干个月时，我们称为热浪。温带气候区最常出现热浪天气。

全法国约有4000所学校停课。

阿尔卑斯山脉的冰川在这一年夏天退缩了多达10%。

停课

## 西欧

2003年6月至8月，一场热浪袭击了欧洲。原因之一是高压天气阻碍了云的形成。这是整个欧洲大陆自1540年以来经历的最热的夏天。

## 法国

2019年6月底，来自撒哈拉沙漠的极热空气向北飘到了欧洲，导致法国出现热浪。温度一度达到46℃，是该国有记录以来的最高温度。

# 超级寒潮

有时，异常寒冷的天气会持续很久，甚至跨越整个冬天。就连平常很少见到极为寒冷天气的温带地区，都能变成冰天雪地！

芝加哥奥黑尔机场的飞机燃油都上冻了。

### 英国

1962年12月到1963年2月是英国有历史记录以来最冷的冬天。许多地方雪下了足足两个月，肯特郡赫恩湾附近的泰晤士河口都结冰了！

### 美国和加拿大

2014年1月和2月，极寒天气导致纽约市哈得孙河的部分河段结冰。寒潮波及了气候一贯温和的美国南方腹地，连佛罗里达州的部分地区都出现了霜冻。

# 发明

人类陆陆续续发明了许多仪器来测量和记录天气。这些"聪明"的小器件什么都能测，从风速的快慢到遥远地方是否有雨雪等。

## 1896年

### 气象气球

气象气球携带着测量天气的设备升空。在上升过程中，气球会从2米宽膨胀到10米之多。当气球飞升到天空的边界时，就会破裂并落回大地！

绳子上携带着记录气压、风速、湿度和温度的各式仪器。

## 1894年

### 闪电探测系统

这项发明可以探明闪电发生的位置。太空卫星、地表和飞机上都有闪电探测系统。通过在电子地图上以点状标注闪电的位置，可以显示雷暴的运动路径。

## 1643年

### 气压计

这个装置测量的是大气压力——即空气的推力。如气压很高，空气挤压装置，则箭头指向一个较高的数值。如气压很低，气压计膨胀，则箭头指向一个较低的数值。气压可以用来预测风力的强弱。

微波被水滴反射。

## 1935年

### 雷达

最早发明雷达是为了探测雾中的船只。20世纪中期开始用于探测雨雪天气。雷达发射微波，微波被天空中的雨滴或雪花反射回来。反射的多少对应雨或雪的强弱。较大区域内的各类降水天气，可在地图上用不同的颜色予以标注。

金属杯的角度要调整到正对风的位置。

## 1450年

### 风速计

风速计，即测量风速的仪器。最常用的风速计是在金属杆旋转轴上安装金属杯。杯子每秒旋转的次数代表了风速。

45

# 天气新闻

　　人们经常谈论天气，尤其是出现异常天气的时候。若某次天气事件造成了巨大的破坏或引发一些奇观，国内外媒体都会进行报道。

**曾经，有青蛙从天上掉下来过！它们可能是被龙卷风刮上了天。**

## 最热的年份

　　科学家记录全球的气温，这样便能知道哪一年热得不正常。2015年至今，我们已经经历了自19世纪中叶有记录以来五个最热的年份。为什么这么热呢？前往第32—33页寻找答案吧。

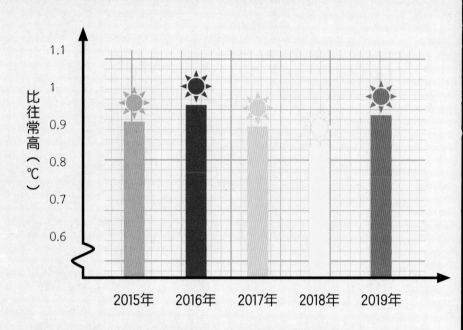

## 北海洪水

　　1953年，大西洋发生了一次巨大的风暴潮。强风、低气压和涨潮共同引发了风暴，推动大洋水比往常更加深入内陆地区。奔腾的海水涌向北海，导致英格兰东部大面积受淹。而在对岸的荷兰，海岸墙被摧毁，城镇被淹没。

英国坎维岛被洪水淹没

## 卡特里娜飓风

这次威力巨大的飓风是历史上破坏性最强的飓风之一。形成于墨西哥湾附近，持续了八天。美国新奥尔良市受灾严重。洪水冲垮了堤坝（高高筑起，以抵御洪水的建筑物），导致该市80%的地区在水里泡了好几周。

卡特里娜飓风的卫星图像

大水漫灌新奥尔良

1992年，一场飓风损毁了美国迈阿密的一座存放着🐍的大楼——几百条蛇跑出来了！

## 夏天消失了

1815年4月，印度尼西亚的坦博拉火山爆发。一团巨大的火山灰云升上了天空，蔓延和环绕了整个地球。厚厚的灰色云层遮蔽了阳光，有些地方的气温因此降低了足足3℃。

## 冰暴

极寒空气会使地面上的物体结冰。如果恰逢下雨，雨滴接触到任何物体就立即结冰。房子和汽车就像被封在了晶莹剔透的冰盒里！在极低温天气里，湖泊或海洋上掀起的浪花会以同样的方式冻结物体。如上图所示，美国密歇根州的一座灯塔被结冰的浪花覆盖。

火山大爆发

# 雾

雾好似灰白色的云团，悬浮在近地面处。它遮挡视线，有时甚至令人连眼前的东西都看不清。对要出门的人来说，雾很让人头疼！

### 什么是雾？

潮湿的空气中包含大量的水蒸气，即气态的水。如果空气下层的温度降低，水蒸气变成水滴，雾就形成了。

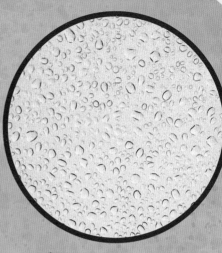

雾是由微小的水滴组成的。有时也能在其中发现小冰晶。

如果夜里雨水打湿了地面，而天空澄澈无云，就会起雾。

### 陆地雾

秋冬季节，当夜晚风轻云淡、繁星满天时，近地面就容易起雾。雾一般出现在沼泽地带、池塘、湖泊及河流附近。如果温度在0℃以下，就会出现冻雾。

### 海洋雾

当温暖潮湿的空气飘到凉爽的海洋上空时，海上就会起雾。海洋雾最常发生在春天，这时海水还很凉，而空气逐渐暖和起来。

## 烟霾

交通尾气或工厂在运行时燃烧燃料而形成的空气污染物与雾结合，就会形成烟霾。20世纪60年代以前，世界上很多城市经常被烟霾笼罩。后来越来越多的国家相继立法，禁止特定类型的污染排放。

夜间，冷空气下沉，山谷中也会起雾。

浓雾对道路、空中和海上交通都会造成危害。

有浓雾，也就有薄雾。

## 雾角

在没有电子地图为我们指明方位之前，在雾中航行十分需要技巧。船只依靠雾角发出响亮的声音，以便了解前方是陆地，还是另一艘船驶来。

# 雨林深处

热带雨林从太阳获得的能量和热量比地球上其他任何地方都多。日复一日，天气始终如一。潮湿、高温和多雨造就了丰富的植物。在终年丰沛雨水的滋养下，树木高大而繁茂。

树木竞相向上生长，去寻找阳光。最高能长到88.5米——相当于10栋两层小楼叠起来的高度！

热带雨林的树木类型约有100种。而树木之上、林荫之下生长的植物更多。

正午时分，气温约为30℃。

## 上午

随着太阳升起，温度迅速上升。积云开始形成。

## 中午之后

从地面不断上升的湿热空气使积云变得越来越大。

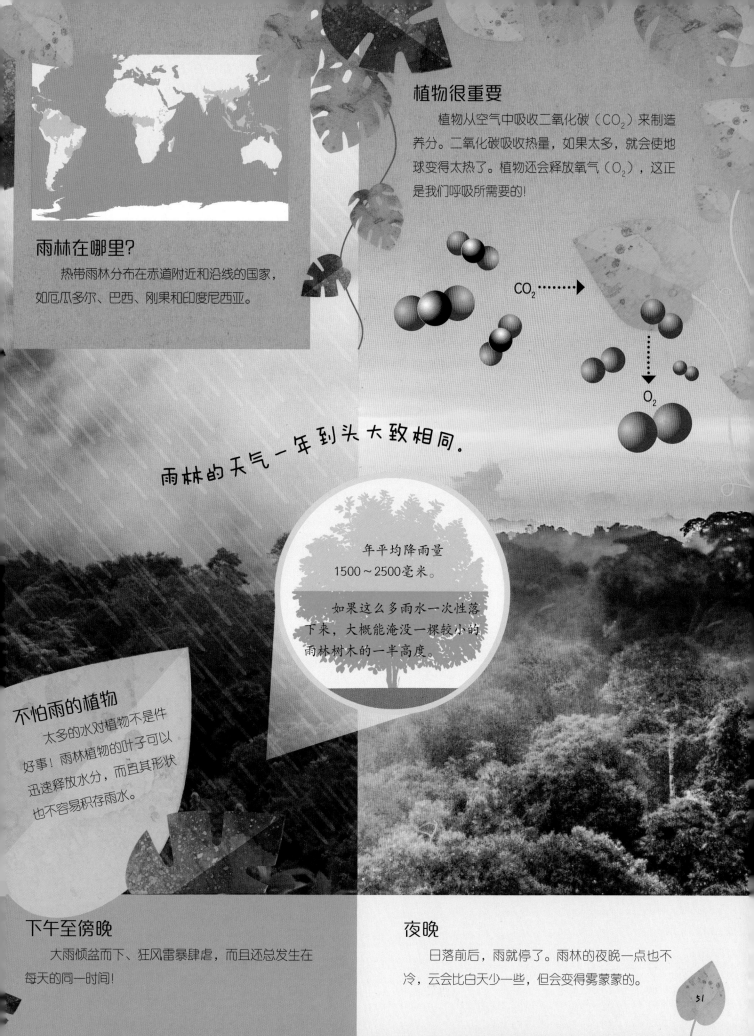

## 植物很重要

　　植物从空气中吸收二氧化碳（$CO_2$）来制造养分。二氧化碳吸收热量，如果太多，就会使地球变得太热了。植物还会释放氧气（$O_2$），这正是我们呼吸所需要的！

## 雨林在哪里？

　　热带雨林分布在赤道附近和沿线的国家，如厄瓜多尔、巴西、刚果和印度尼西亚。

$CO_2$ ·······▶

$O_2$

### 雨林的天气一年到头大致相同。

年平均降雨量
1500～2500毫米。

如果这么多雨水一次性落下来，大概能淹没一棵较小的雨林树木的一半高度。

## 不怕雨的植物

　　太多的水对植物不是件好事！雨林植物的叶子可以迅速释放水分，而且其形状也不容易积存雨水。

## 下午至傍晚

　　大雨倾盆而下、狂风雷暴肆虐，而且还总发生在每天的同一时间！

## 夜晚

　　日落前后，雨就停了。雨林的夜晚一点也不冷，云会比白天少一些，但会变得雾蒙蒙的。

过去，人们掌握的
测量天气的技术较少。

**降温**

一天
之内降温最
多的一次，温度足
足跌了56℃，从7℃
降到−49℃。

**龙卷风**

北美洲

美国的"龙卷风走
廊"堪称龙卷风之最——
每年差不多1000次！

**最热**

有记录以来的
**最高温度**——56.7℃
出现在美国的熔炉
溪，这温度足够在
地上煎鸡蛋了！

**雷暴**

委内瑞拉的
马拉开波湖遭受
了**最多的雷暴**，
每分钟闪电多达
28次。

# 天气之"最"

你还记得经历过的最热的一天
吗？你见过超大的冰雹吗？来看看
各大洲发生的一些令人难以置信、
破纪录的天气事件吧。

南美洲

**最干燥**

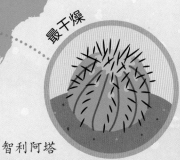

智利阿塔
卡马沙漠的局
部地区是除南北两极之外
**最干燥的地方**，年降雨量
只有区区0.2毫米。

## 冰雪奇观

观测到的**最大的雪花**宽31厘米，相当于一个大号的比萨。

记录到的**最大的冰雹**周长为47厘米，堪比一个西瓜。

**最重的冰雹**重约1千克，和一大包面粉的重量差不多。

欧洲

亚洲

非洲

最潮湿

观测到的**最高风速**每小时狂刮407千米——大多数的赛车也就是这个速度了！

风速

印度的麦斯南姆是**降雨最多的地方**，年平均降雨量达到12.7米。这么多雨一次性降落的话，能淹没一幢三层高的大楼！

澳大利亚

19世纪末，开始有了正规的天气记录。

最冷

记录到的**最低温度**出现在南极洲，达到了-89.2℃。

无雨

南极洲的某一处地方，几乎200万年**没下过雨**。

# 奇妙的天气

世界上的天气多种多样，有的天气相比之下很不寻常。沙子像一堵墙一样移动，奇怪的、彩色的雪落满了街道，小小的植物可以影响天气！类似这种奇怪的天气，你经历过吗？

## 蘑菇雨

蘑菇只能生长在湿润的土地里，所以它们学会了自己造雨！蘑菇释放出数以百万计的孢子，这些孢子飘浮在空气中，与水结合后形成了大大的雨滴。

## 彩色的雪

在俄罗斯的斯塔夫罗波尔，村民一觉醒来，发现地上全是厚厚的、粉棕色的雪。经科学证实，是来自撒哈拉沙漠的灰尘改变了雪花的颜色。除了俄罗斯，阿拉斯加和加拿大还因为火山灰的影响下过黑色的雪！

除了灰尘，污染等其他因素也有可能导致雪花带上颜色。

就像其他粒子一样，孢子也能与小水滴结合形成雨。

## 球状闪电

球状闪电约足球大小、像个电光球。通常只持续几秒钟，几乎很难被拍摄到。有些球状闪电能烧穿物体表面，有些会在一声巨响过后消失！

朝着苏丹的喀土穆行进的哈布沙暴。

## 哈布沙暴

沙漠里刮起的狂风把沙尘卷上了天，形成一堵行进的沙墙——这就是起源于阿拉伯语的"哈布"沙暴。沙墙之厚，足以遮天蔽日。哈布沙暴的宽度可达数千米，甚至从外太空都能看得到！

## 泡沫攻击

如果海上波涛汹涌，浪花的顶部可能会粉碎成浓密的泡沫。泡沫刮到岸上，给沿海道路，甚至房屋带来一场猛烈的攻击！

英国霍夫的一条人行道上，泡沫如潮涌。

## 树蛙

到了冬天，北美树蛙的身体有三分之二都冻住了，好似一个青蛙形状的冰棍儿。它们的身体内会制造防冻剂，防止身体关键的部位冻伤。

树蛙蹲伏在树叶下过冬。

我能在-18℃的低温中坚持7个月。

不呼吸，心脏也不跳动。

# 无惧天气的动物

## 帝企鹅

这种鸟类生活在地球上最寒冷的地方之一——南极洲。它们成群地挤在一起，靠身体相互取暖；还会轮流站到最外面的一圈，为里面的同伴遮风挡寒。

层层羽毛可以抵御刺骨的寒风。

为了让它们的蛋保持温暖，帝企鹅会不吃不喝，一直用体温孵蛋，全靠体内的脂肪来获取能量。

厚厚的脂肪层保护帝企鹅免受严寒的侵袭。

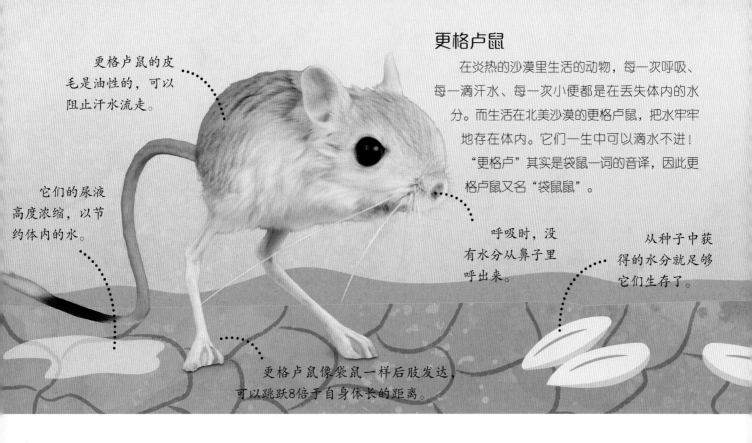

## 更格卢鼠

更格卢鼠的皮毛是油性的，可以阻止汗水流走。

在炎热的沙漠里生活的动物，每一次呼吸、每一滴汗水、每一次小便都是在丢失体内的水分。而生活在北美沙漠的更格卢鼠，把水牢牢地存在体内。它们一生中可以滴水不进！

"更格卢"其实是袋鼠一词的音译，因此更格卢鼠又名"袋鼠鼠"。

它们的尿液高度浓缩，以节约体内的水。

呼吸时，没有水分从鼻子里呼出来。

从种子中获得的水分就足够它们生存了。

更格卢鼠像袋鼠一样后肢发达，可以跳跃8倍于自身体长的距离。

**天冷了，人类要靠添加衣物来保暖。** 但是，动物天生就具备抵御恶劣天气的本领。它们有些能安然生活在炙热的沙漠中，有些能在天寒地冻的南极生存。

即使温度低至-200℃，我也没问题。

缓步动物能丢掉体内的水，进入一种"隐生"状态来延续生命。在这种状态下，几乎不需要氧气。

## 缓步动物

这些极微小的八足动物只有0.5毫米长。它们广泛分布在世界各地，甚至是任何其他动物都无法生存的极寒地区。

有些缓步动物会再长出一层皮肤来抵御寒冷。

# 龙卷风

史上最大的
龙卷风
宽度达到了4.2千米。

## 龙卷风

    龙卷风是在特殊条件下才会形成的强烈旋转的柱状气流。目前还不清楚龙卷风到底是如何形成的。不过，气象专家们提出了若干可能的解释，比如：

巨大的积雨云下，龙卷风开始酝酿。近地面空气潮湿而温暖，而高处的空气温度极低、湿度下降。暖空气开始以气流的形式向上移动，称为上升气流。

美国发生龙卷风的次数最多，每年约有1000次。

**藤田级数**

5
4
3
2
1
0

美国等国家使用藤田级数来衡量龙卷风造成破坏的威力。最低为0级（轻微破坏）、最高为5级（毁灭性破坏）。

龙卷风能把动物和汽车刮上天。

上升气流越来越强大，寒冷的下沉气流逐渐形成。上升气流开始旋转，漏斗云出现了。

下沉气流越来越强大，旋转着的漏斗云不断被推向地面。当漏斗云降到地面时，就会变成龙卷风，不断地裹挟尘土和碎物等。

# 无风不起浪

我们看不到风，但它的影响经常可以直接观察到。海面上通常风很大，掀起了阵阵波涛。通过观察海浪的大小，就可以判断海风有多大！

## 波浪的形成

风吹过海面，海水开始转动。波浪旋转着前进。如果有一处海床较高，海浪就会被推高，最终或许会破碎。

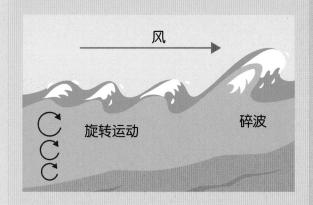

风

旋转运动　　碎波

大浪会冲垮海堤，卷走海滩上大量的沙子，侵蚀悬崖峭壁。

| 平静 | 微风 | 和风 | 强风 |
|---|---|---|---|
| 风速 | 风速 | 风速 | 风速 |
| 低于2千米/时 | 9千米/时 | 24千米/时 | 44千米/时 |
| 波高 | 波高 | 波高 | 波高 |
| 0米 | 0.3~0.6米 | 1~2米 | 3~4米 |
| 海况 | 海况 | 海况 | 海况 |
| 光滑如镜 | 小浪 | 中浪 | 巨浪 |

## 形成的条件

多种因素共同作用，才能造就一个完美的波浪。

微风兴起小浪，大风掀起更大的浪。

风持续得越久，浪就越大，海面刮大风，就会激起巨浪。

**狂风来啦!**

**要起风暴啦!**

## 出海天气预报

船只遭遇巨浪十分危险,甚至有可能沉没!因此,水手需要一份专门的海上天气预报。预报包括海况、详细的风况和能见度。

海上激起的最高浪花达到了24米。

| 狂风 | 风暴 | 飓风 |
|---|---|---|
| 风速 | 风速 | 风速 |
| 69千米/时 | 96千米/时 | 118千米/时及以上 |
| 波高 | 波高 | 波高 |
| 5.5~7.5米 | 9~12.5米 | 14米以上 |
| 海况 | 海况 | 海况 |
| 狂浪到狂涛 | 怒涛 | 暴涛 |

风向很重要。从海上往陆地吹的风激起的海浪较大。

水越深,浪越大。不过,浪从深水区移动到浅水区时,也会被推高。

海床表面的形状会影响海浪——隆起的珊瑚礁把海浪推高,海浪会碎成一卷一卷的。

# 未来的天气

气候和天气会一直随着时间自然地发生变化。不过许多科学家认为，人类活动将导致天气变化更加极端。没有人知道到底是不是这样，但我们可以进行科学的预测。

## 极端天气

到下一个世纪中期，现在我们这较少见的超级风暴、热浪、野火等，可能会变得愈见不鲜。

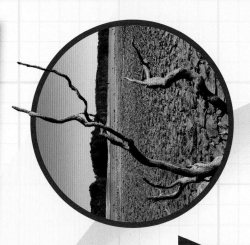

## 干旱

下雨少的地区，未来降雨可能更少，干旱更加持久。

## 温室气体

如果温室效应继续下去，全球的天气可能会发生巨大变化。第30—31页详细介绍了温室效应。

工厂的废气截留热量。

## 臭氧层空洞

太阳光射线中，有些是有害的。它们的大多数被臭氧所吸收。

最大的臭氧层空洞在南极上空。臭氧层空洞影响了整个南半球的风、降雨和温度。不过，空洞正在缩小。

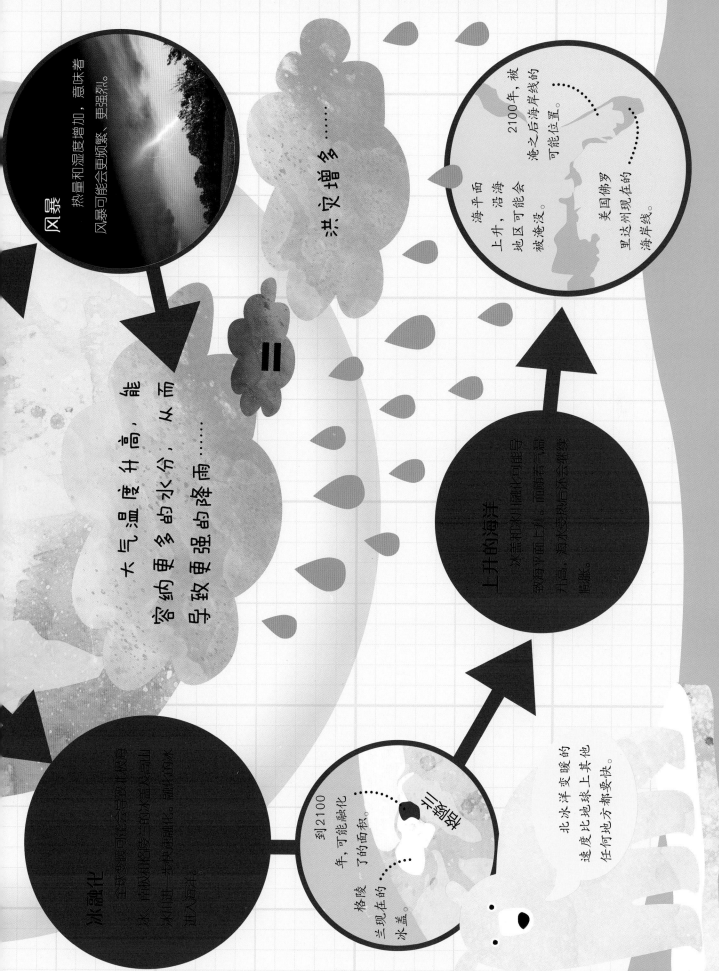

**风暴**
热量和湿度增加，意味着风暴可能会更频繁、更强烈。

洪灾增多……

大气温度升高，能容纳更多的水分，从而导致更强的降雨……

=

**上升的海洋**
冰盖和冰川融化可能导致海平面上升。而随着气温升高，海水受热后还会继续膨胀。

2100年，被淹之后海岸线的可能位置。

海平面上升，沿海地区可能会被淹没。

美国佛罗里达州现在的海岸线。

**冰融化**
全球变暖可能会导致北极、南极和格陵兰岛的冰盖及同山冰川进一步快速融化。融化的水进入海洋。

到2100年，可能融化了的面积。

格陵兰岛现在的冰盖。

冰川融化

北冰洋变暖的速度比地球上其他任何地方都要快。

# 现在就改变

人们正在努力遏制全球变暖，避免更多的极端天气出现。来看看应该怎么做吧。

## 1 使用清洁能源

电力、机动的交通工具，为人们的生活服务。与其使用产生温室气体的化石燃料，更应该利用对环境无害的能源来发电。

全球超过25%的电力来自可再生能源。

风力涡轮机

许多国家提出，到2030年将二氧化碳排放量减少45%。

## 2 减少需求

节约能源就能减少对化石燃料的需求。措施包括做好房屋保温层以减少对供暖的需求，及时关灯，以及使用电动车而不是燃油车。

电动车

不会排放废气！

## 3 新点子

还有一些力图阻止全球变暖的新奇的点子。比如，建造巨型森林，把空气中的二氧化碳吸走；还有个更新奇的想法，就是给冰川罩上反光的罩子，防止冰川融化及海平面上升。

## 4 阻止森林砍伐

饲养牛需要开阔的牧场，于是连片的树木被清空，能吸收的二氧化碳也减少了。与其为了吃肉而砍伐森林，不如种植作物。比如种植大豆，既比牧场节约空间，又能制作富含蛋白质的豆腐，还能吸收空气中的二氧化碳。

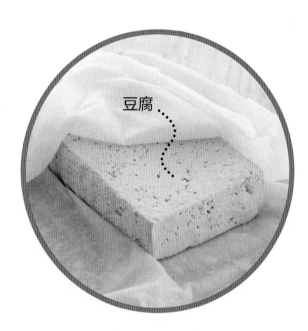

豆腐

## 5 回收再利用

制造或生产原料、将原料制成商品，以及将商品运到商店出售都需要消耗大量的能源。物品的循环利用可以节约能源。回收一件物品消耗的能量比从零开始制造一件新的物品要少。

2015年，许多国家的领导人承诺，将全球变暖的趋势控制在比19世纪前温度高1.5℃的范围内。

# 星球上的天气

就像地球一样，每个星球都有属于自己的天气。然而，大部分外星球的天气完全不适合人类生存！来看看我们所处的太阳系中，一些极端天气的代表。

## 水星

水星离太阳很近，炽热的太阳风直达水星表面。白天的温度非常高，但因为没有大气层来留住热量，所以夜间的温度会暴跌到-180℃。

## 地球

如果你已经读到了这里，那应该知道地球上的天气如何啦！

太阳为环绕其运转的行星提供热量。

太阳

气象卫星发回地球天气的图像，供预报员使用。

## 金星

厚厚的二氧化碳大气层使其表面温度非常之高。最高达到465℃。

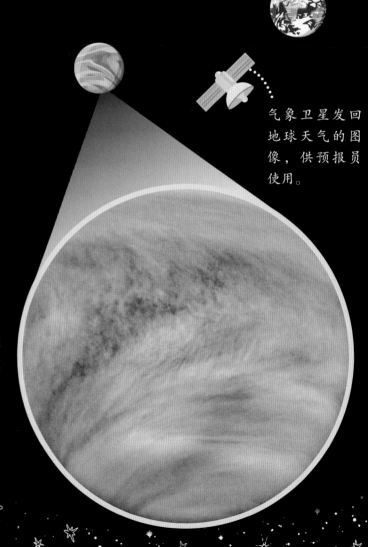

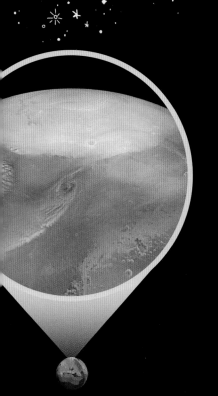

## 火星

    巨大的尘暴在火星上肆虐，天文学家在地球上都可以观测到。火星表面比地球表面冷得多，极地很深，彻底冰冻。火星上的季节也更漫长。

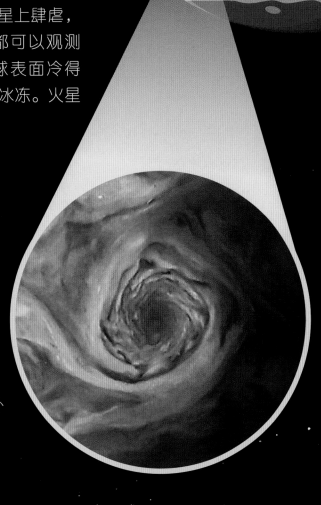

## 木星

    木星是太阳系中最大的行星，然而星球表面风暴横行。风暴之大，从外太空都能看得见！

## 狂风星球

    海王星上风极大，猛烈的风暴在其表面打转。风速比地球上最强的飓风还快四倍！海王星因为离太阳较远，也非常寒冷。

# 词汇表

## 大气

环绕地球的一层气体。

## 气候

一个地区或较大面积内通常的天气。

## 云

空气中大量积聚的水滴和冰晶。

## 凝结

水蒸气变成液态的水。

## 流

空气或水的流动。

## 森林砍伐

为了获取木材或将土地改造为农用地而大面积地清空森林。

## 能量

推动事物变化的物理量，如动能或热能。

## 赤道

环绕地球最宽处的一条假想的线。

## 蒸发

液态的水变成水蒸气。

## 预报

利用天气监测设备提供的信息，预测未来的天气情况。

## 化石燃料

经过多年自然形成的气体、液体或固体，经燃烧后可以发电或为车辆提供动力。

## 气体

处于无固定形状状态的物质，如空气。

## 全球变暖

全球气温在很长一段时间内逐步上升。

## 温室效应

气体将热量截留在大气中，使地球变暖。

## 湿度

空气中水蒸气的含量。

## 冰

固态的水。

## 冰晶

极微小的冰。

## 冰盖

庞大的、覆盖了广袤大地的冰。

## 粒子

物体极微小的组成部分，如气体粒子。

## 极地

地球上最北或最南的点。

## 污染

对环境有负面影响的事物，如加强了温室效应的气体。

## 降水

云中落下水性的物体，如雨、冰雹或雪。

## 气压

空气重量的测量值。

## 雷达

用于探测无线电系统，发射出的电磁波被物体（如水滴）的表面反射回来。

## 再利用

把已经废弃的物品变成新的东西。

## 可再生能源

来自太阳或风等不会耗尽的能源，且通常不会产生温室气体。

## 卫星

人为制造的绕地球旋转的天体。

## 季节

一年中一段时间内的天气，与该地区面向太阳的角度有关。

## 温度

热或冷的程度，通常用摄氏度（℃）来衡量。

## 暴雨

极端大的雨。

## 热带

位于赤道附近的地区。

## 水蒸气

气态的水。

## 风

空气的运动。

# 致谢

## DK would like to thank the following:

Polly Goodman for proofreading, Helen Peters for indexing,
Rituraj Singh for picture research, and Sonny Flynn for his illustrations.

The publisher would like to thank the following for their kind permission to reproduce their photographs:

(Key: a-above; b-below/bottom; c-centre; f-far; l-left; r-right; t-top)

6 123RF.com: Witold Kaszkin (bc); Morley Read / atelopus (clb). 6-7 Dreamstime.com: Fwstupidio (c/background). 8 Dreamstime.com: Eric Isselee (bc). iStockphoto.com: proxyminder (butterfly X 5). 9 Dorling Kindersley: British Wildlife Centre, Surrey, UK (clb). Dreamstime.com: Luis Leamus (crb); Michael Tatman (bl); Scattoselvaggio (bc). iStockphoto.com: SeppFriedhuber (br). 10-11 Science Photo Library: TAKE 27 LTD. 11 Dreamstime.com: Lucy Brown (clb); Planetfelicity (tc). 12 123RF.com: Adrian Hillman (crb). 13 123RF.com: Sataporn Jiwjalaen / onairjiw (crb); sugarwarrior (c). Dreamstime.com: Dezzor (cra/plane). iStockphoto.com: richjem (cra). 14 Dreamstime.com: Lubomir Chudoba (ca); Sborisov (cra). iStockphoto.com: gustavofrazao (br). 15 Dreamstime.com: Cebas1 (tc); Naturablichter (tr); Staphy (bc). iStockphoto.com: HannesThirion (bl); simonbradfield (cr). 16 Dreamstime.com: Daveallenphoto (tr). 17 Dreamstime.com: Lukas Jonaitis (br). 20 Dreamstime.com: Landfillgirl. 22 NASA: European Space Agency / Alex Gerst (crb); MODIS Rapid Response Team at NASA GSFC (cla); NASA / GSFC / Jeff Schmaltz / MODIS Land Rapid Response Team (cl); NASA Goddard Space Flight Center (clb). 23 Alamy Stock Photo: David Olsen (bc). 24 Dreamstime.com: Seus (cla). 25 Science Photo Library: Kenneth Libbrecht (bc). 27 Dreamstime.com: Maksym Kapliuk (cb). 28-29 Science Photo Library: Mikkel Juul Jensen. 29 Alamy Stock Photo: The History Collection (crb). Dreamstime.com: Ramunas Bruzas (tr). 30 Dreamstime.com: Robert Semnic (bc). 31 123RF.com: Sean Pavone (tr). Dreamstime.com: Dezzor (cr). iStockphoto.com: E+ / luoman (br). 34 Getty Images: Corbis Historical / Tim Rue (cla). NASA: (tc). 35 iStockphoto.com: photo5963 (cb). 36 Dreamstime.com: Steven Liveoak (tl); Nitsuki (bc). iStockphoto.com: E+ / cinoby (bl). 36-37 Dreamstime.com: Yurii Malashchenko (tc). 37 Dreamstime.com: Isonphoto (bl); Rdonar (bc). 41 Alamy Stock Photo: agefotostock / Jorge Santos (crb); ARCTIC IMAGES / Ragnar Th Sigurdsson (clb); FLHC 8 (cb). 42 Alamy Stock Photo: Robert Stainforth (cl). Dreamstime.com: Ifeelstock (cr). 43 Alamy Stock Photo: Mirrorpix / Trinity Mirror (cl). Dreamstime.com: Mykhailo Boriak (cr). 44 Dreamstime.com: Clearviewstock (tl); Connect1 (br). 44-45 iStockphoto.com: Silasyeung (ca). 45 Dreamstime.com: Stuartan (tc). 46 Alamy Stock Photo: Mirrorpix / Trinity Mirror (bl). Dreamstime.com: Dijarm (cr). 47 Alamy Stock Photo: FEMA (tr); Sueddeutsche Zeitung Photo (br). iStockphoto.com: DigitalBlind (clb). NASA: (cla). 48 Dreamstime.com: Dmytro Balkhovitin (clb); Peet Snyder (tr). 49 Dreamstime.com: Thomas Lukassek (br). 50 123RF.com: Sirapob Konjay (tr). Dreamstime.com: Alexkalina (clb); Demerzel21 (cb); Nejron (cra). 51 Dreamstime.com: Ulf Huebner (r); Pongbun Sangkaew (l). 55 Dreamstime.com: Gill Copeland (br); Vectortatu (tc). iStockphoto.com: JordiStock (cr). 56 Dorling Kindersley: Twan Leenders (ca). Dreamstime.com: Kotomiti_okuma (br). 57 Dreamstime.com: Planetfelicity (b). Fotolia: Matthijs Kuijpers / mgkuijpers (tc). 59 Dreamstime.com: Heysuzhunter (cra). 62 Dreamstime.com: Jack Schiffer (tc); Peter Wilson / Petejw (tl). 62-63 Dreamstime.com: Dijarm. 63 iStockphoto.com: amriphoto (tl). 64 123RF.com: nerthuz (br). Dreamstime.com: Delstudio (cra); Christophe Testi (cla). 65 Getty Images / iStock: mphillips007 (br); Ron and Patty Thomas (cla). 66 NASA: JPL-Caltech (br). 67 NASA: JPL / Malin Space Science Systems (cla); JPL-Caltech / SwRI / MSSS / Jason Major (cb)

Cover images: Front: Dreamstime.com: Sborisov tr, clb; Back: Dreamstime.com: Sborisov cla, tr.

All other images © Dorling Kindersley
For further information see: www.dkimages.com